稀奇古怪的科学

加减乘除训练营

小月亮童书 / 编绘

浙江摄影出版社
全国百佳图书出版单位

大麦和小麦是双胞胎。
他们马上就要过 6 岁生日了!

我们的年龄加起来有 12 岁!

$6+6=12$（岁）

大麦

小麦

这个加法算式也可以变成其他算式喔!

$12-6=6$
$6 \times 2=12$
$12 \div 2=6$

使用数学运算可以精准地把握数量!

妈妈要给兄弟俩办一个生日派对，邀请他们的 3 个好朋友来参加。

妈妈

需要准备几人份的食物呢？

大麦

加上我和小麦，一共 5 个人。

3+2=5（人）

德国数学家魏德曼创造了加号和减号。

妈妈

这是生日派对的购物清单。

哇！要准备这么多东西！

小麦　　大麦

水果 3 种以上

甜甜圈 2 盒

饮料 5—7 瓶

巧克力豆 1 罐

邀请卡 3 张

8 寸双层生日蛋糕 1 个

餐具（杯子、蛋糕盘、叉子、餐巾）5 份

鲜花 1 束

气球 2 袋

礼花筒 5 个

大麦

还可以在派对上玩运算游戏，答对的人可以获得奖励！

好主意！

小麦

那得再准备一些小礼物，我们现在就去超市购物吧。

妈妈

先来做个热身游戏吧！

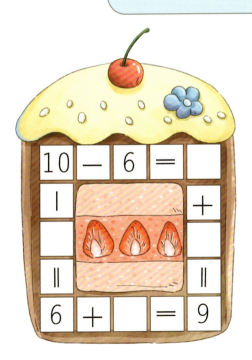

超市里的东西琳琅满目，标价也各不相同。

水果又多又新鲜，赶紧挑选吧！

苹果 5 个 1 袋，3 袋就是 5+5+5=15（个）。

草莓 1 盒 20 元，3 盒的价格是 20×3=60（元）。

1 斤小番茄大约有 30 个，5 个人每人能分到 30÷5=6（个）。

12 个牛油果被买走了 7 个，还剩下 12-7=5（个）。

大家都喜欢喝饮料，果汁、酸奶和汽水各买一些吧。

5 瓶果汁加上 5 瓶汽水就是 5+5=10（瓶）。
酸奶 1 盒有 10 瓶，3 盒一共有 10×3=30（瓶）。

10 乘以任何整数（0 除外），乘积都是在这个整数的末尾加个 0。

不同的盒子里装着不同数量的鸡蛋。
有的是 10 个，有的是 15 个，有的是 30 个。

妈妈

10 个鸡蛋拿走 3 个，还剩几个？

7 个！

小麦

10−3=7（个）

妈妈

3 种数量的鸡蛋各买 1 盒，一共有多少个鸡蛋？

55 个！

大麦

10+15+30=55（个）

"+" 表示增多，"−" 表示减少。

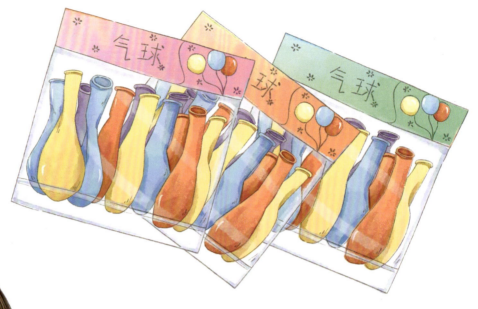

1袋气球里有红、黄、蓝、紫4种颜色的气球，每种颜色有3个。3袋气球一共有多少个？

大麦

先算出1袋的总数，再乘以袋数，就得出结果了。

4 × 3=12（个）

1袋气球有12个。

12 × 3=36（个）

3袋气球一共有36个。

乘法就是求相同加数的和。
即使相乘的数调换位置，乘积也不变。

小麦

熟记九九乘法表，乘法运算答案脱口而出！

找到规律会更好记。

大麦

你发现了吗？
乘数包含 2、4、6、8 的乘积都是偶数！
乘数含 5 的乘积的末位不是 0 就是 5！

小麦

九九乘法表

×	1	2	3	4	5	6	7	8	9
1	1×1=1								
2	1×2=2	2×2=4							
3	1×3=3	2×3=6	3×3=9						
4	1×4=4	2×4=8	3×4=12	4×4=16					
5	1×5=5	2×5=10	3×5=15	4×5=20	5×5=25				
6	1×6=6	2×6=12	3×6=18	4×6=24	5×6=30	6×6=36			
7	1×7=7	2×7=14	3×7=21	4×7=28	5×7=35	6×7=42	7×7=49		
8	1×8=8	2×8=16	3×8=24	4×8=32	5×8=40	6×8=48	7×8=56	8×8=64	
9	1×9=9	2×9=18	3×9=27	4×9=36	5×9=45	6×9=54	7×9=63	8×9=72	9×9=81

买了好多东西呀！
还好自动收银系统一下子就能得出总价。

一共 225 元。

我有优惠卡，可以打 8 折。

妈妈

8 折是 225 的 80 %，也就是说我们能享受 20 % 的折扣。

大麦

80 % 就是 0.8。

小麦

225 × 0.8=180（元）
妈妈只需要支付 180 元。

从古至今，为了方便运算，人们发明了各种计算工具。

算盘

在阿拉伯数字出现之前，中国人就发明了算盘，利用口诀可以进行各种运算。

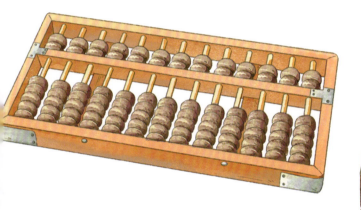

纳皮尔筹

建立在"格子乘法"的计算原理上，由 10 根刻有数码的木条组成，看起来像个棋盘。

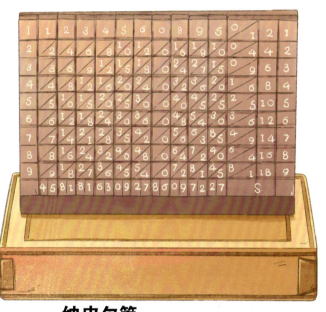

计算尺

根据对数原理制成的计算工具，曾经被广泛使用。

电子计算器

轻便简单的小型计算工具，你一定用过！

回家的路上，兄弟俩想吃冰激凌。
可是，要买几个冰激凌球才能满足大家的口味呢？

大麦

我喜欢香草和巧克力口味。

我要杧果和焦糖口味。

妈妈

我来一个草莓口味就行。

小麦

  +   + =

2+2+1=5（个）
一共要买 5 个冰激凌球。

大麦

走进花店，就像走进一个美丽的小花园。
买哪一种花好呢？

我们都喜欢向日葵！

大麦　　　小麦

1枝向日葵的价格是8元，买11
枝要多少钱？

妈妈

88元!

$8 \times 11 = 88$（元）

小麦

1个一位数和11相乘，乘积就是
把这个数重复写两遍。

回家后，妈妈马上开始做生日蛋糕。

1 个鸡蛋的蛋白重量约为 30—40 克，5 个鸡蛋的蛋白重量是多少？

妈妈

取 30—40 的中间数 35 来估算，大约是 175 克。

$$35 \times 5 = 175（克）$$

大麦

估算出来的数字要尽量接近精确值。

小麦

蛋糕放进烤箱后，妈妈发现还剩下不少材料，便又做了一些纸杯蛋糕。

13 个纸杯蛋糕分给 5 个小朋友，每人能分几个？

妈妈

每人能分到 2 个，还剩下 3 个。

13 ÷ 5=2（个）·····3（个）

大麦

计算物品数量的时候不适用四舍五入法。

小麦

将 20 颗糖果装进 5 个小礼品袋，每个袋子能装几颗？

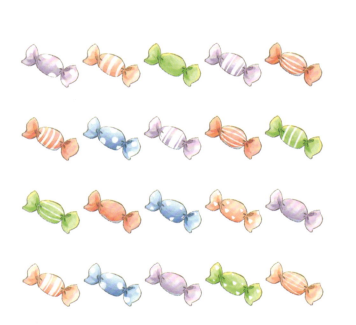

20 ÷ 5 = 4（颗）

就是计算 20 里面有几个 5。

大麦

注意！除数和被除数不能调换位置。

小麦

罐子里有66颗巧克力豆，平均分给3个好朋友，每人能分多少颗？

22 颗!

$66 \div 3 = 22$（颗）

大麦

换一种算法也可以!

$60 \div 3 + 6 \div 3 = 22$（颗）

小麦

一个算式里同时有加减法和乘除法时，要先计算乘除法。

约定的时间到了，好朋友们一个接一个到来，就像做加法一样！

贝儿还带上了她的小妹妹，所以现在一共是 6 个小朋友！

大家聚在一起，真是太开心了！

请把人数和物品的数量填写在方框内。

 小朋友

 气球

 礼物盒

 甜甜圈

做对算式的小朋友能分到一块蛋糕喔！

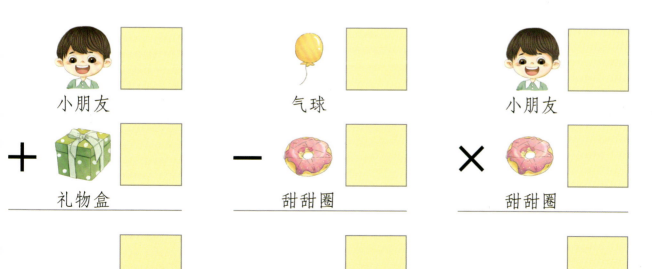

小朋友 [ ]

＋ 礼物盒 [ ]

────

[ ]

气球 [ ]

－ 甜甜圈 [ ]

────

[ ]

小朋友 [ ]

× 甜甜圈 [ ]

────

[ ]

一边吃一边动脑筋，每个小朋友都在运算游戏中赢得了奖品。

6 个人吃 18 块巧克力，每人吃多少块？

大麦

3 块!

18 ÷ 6 = 3（块）

我们每人能分到生日蛋糕的多少份？

小麦

$\frac{1}{6}$份。

$1 ÷ 6 = \frac{1}{6}$（份）

我们的平均年龄是几岁？

大麦

将 6 个人的年龄相加，再除以 6……是 6 岁!

小麦

现在是 3 点 15 分，25 分钟后是 3 点多少分？

3 点 40 分。

大麦

我吃了 3 块饼干，小麦吃的饼干数量是我的 3 倍，他吃了多少？

9 块！

$3 \times 3 = 9$（块）

小麦

$\frac{1}{2}$用百分数表示是多少？

50%。

这是大麦和小麦专门为你设计的运算测试。
如果你全都答对，就能参加他们明年的生日派对喔！

小松鼠有 6 个树洞仓库，每个仓库里有 8 颗花生，一共有多少颗花生？

1 朵百合有 6 片花瓣，8 朵百合有多少片花瓣？

树上结的 4 个大仙桃，被孙悟空吃掉了一半。请问他吃掉了几个？

沙滩上有 6 对小脚印，海浪一次"吃"掉 2 个脚印，需要几次才能把脚印全都"吃"完？

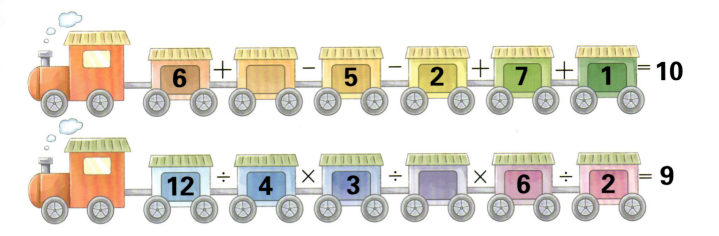

$$6 + \boxed{} - 5 - 2 + 7 + 1 = 10$$

$$12 \div 4 \times 3 \div \boxed{} \times 6 \div 2 = 9$$

大脚怪有几个脚趾头?

糖葫芦 5 元,
面包 4.9 元,
曲奇 3.3 元,
要购买这三种食物,共需多少元?

笼子里有 15 只小鸟,一下子飞走 7 只,接着又飞走 3 只,还剩下几只?

加油!你可以的!

小麦   大麦

责任编辑　陈　一
责任校对　华明静
责任印制　汪立峰　陈震宇

项目策划　北视国

图书在版编目（CIP）数据

加减乘除训练营 / 小月亮童书编绘．-- 杭州 ：浙
江摄影出版社，2024.7
（稀奇古怪的科学）
ISBN 978-7-5514-4977-9

Ⅰ．①加… Ⅱ．①小… Ⅲ．①数学－少儿读物 Ⅳ.
① 01-49

中国国家版本馆 CIP 数据核字（2024）第 106354 号

JIAJIAN CHENGCHU XUNLIAN YING

加减乘除训练营

（稀奇古怪的科学）

小月亮童书　编绘

全国百佳图书出版单位
浙江摄影出版社出版发行
　　　地址：杭州市环城北路 177 号
　　　邮编：310005
　　　电话：0571-85151082
　　　网址：www.photo.zjcb.com
制版：杭州市西湖区义明图文设计工作室
印刷：北京鑫联华印刷技术有限公司
开本：889mm×1194mm　1/16
印张：2
2024 年 7 月第 1 版　　2024 年 7 月第 1 次印刷
ISBN 978-7-5514-4977-9
定价：46.00 元